Charllys Barros

FUNDAMENTOS DE ENERGIA SOLAR FOTOVOLTAICA

2019

AGRADECIMENTOS

Aos professores e colegas discentes do programa de pós-graduação em engenharia mecânica da Universidade Federal do Ceará, onde tive o primeiro contato real com essa área, assim como inúmeros amigos, colegas e desconhecidos que disponibilizam conhecimento via rede mundial de computadores, que de fato são os verdadeiros heróis que possibilitam a construção de uma tecnologia cada vez mais aperfeiçoada, e uma ciência cada vez mais próxima de seu objetivo: Alcançar patamares mais próximos da explicação da existência, através da engenharia reversa na obra do criador.

"Não é a força, mas a perseverança que realiza as coisas"

(Samuel Johnson)

SUMÁRIO

1 INTRODUÇÃO 5
2 REVISÃO BIBLIOGRÁFICA 6
   2.1 Efeito Fotovoltaico: Descoberta e Histórico 6
3 FUNDAMENTAÇÃO TEÓRICA 7
   3.2 Semicondutores 7
   3.3 Bandas de Energia e Semicondutores tipo-n e tipo-p 7
   3.4 Técnicas de deposição de filmes semicondutores 10
      3.4.1 Técnicas cerâmicas (Pressed Pellets, Silk Screen e Painting)............. 10
      3.4.2 Técnicas Químicas (Deposição Química e Spray Pirólise).................. 11
      3.4.3 Deposição de vapores químicos (CVD e MOCVD) 11
      3.4.4 Técnicas de vácuo (Evaporação, Sputering e MBE) 12
      3.4.5 Técnicas eletrolíticas (Eletrodeposição Catódica e Anodização) 12
   3.5 Corante orgânico.. 13
4. Fundamentos de Engenharia Solar 15
   4.1 O Sol 15
   4.2 Equação do tempo 16
   4.3 Correção de Longitude 16
   4.4 Ângulos importantes para o estudo da energia solar 17
      4.4.1 Declinação solar δ 17
      4.4.2 Ângulo da altitude solar α 18
      4.4.3 Ângulo azimutal solar z... 19
      4.4.4 O ângulo de incidência, θ 20
   4.5 Diagramas do Caminho Solar... 21
REFERÊNCIAS... 23

INTRODUÇÃO

A energia solar vem sendo utilizada desde o início de nossa existência. Nosso alimento, tem origem na fotossíntese, um processo que utiliza a luz como fonte de energia para a realização de reações químicas que participam da nutrição dos vegetais. Quando se utiliza a energia dos ventos, não se percebe que estes têm sua origem na diferença de temperatura entre massas de ar, recebendo assim, a influência da energia solar.

A quantidade de energia demandada hoje a nível mundial, e os impactos ambientais resultantes da utilização de fontes não renováveis e/ou poluentes, apresentam uma necessidade cada vez maior de utilização de fontes renováveis de energia. Nos últimos anos, tem aumentado o interesse da sociedade por questões ligadas à proteção do ambiente, pois os efeitos causados pela poluição acumulada de todos os tempos resultante da queima do petróleo, por exemplo, têm ajudado a causar efeitos desastrosos como o aquecimento global. Essa conscientização da sociedade induz à preservação dos recursos energéticos e à procura de novos recursos alternativos não - poluentes, como a utilização da energia solar (NELSON, 2003).

As novas tecnologias fotovoltaicas que utilizam células solares a partir da técnica de filmes finos apresentam grandes possibilidades na redução de custos. Dentre os motivos que tornam a energia solar bastante vantajosa estão sua capacidade modular (várias células unidas formando um módulo), a rápida instalação, fácil manutenção e principalmente por possuir uma fonte de energia praticamente inesgotável, o Sol. (FREITAS, 2006)

Um dos grandes fatores que reduzem a motivação na utilização da energia solar fotovoltaica como uma das principais fontes energéticas é o baixo rendimento dos módulos, o que pode ser compensado quando se vê a fonte dessa energia como ilimitada, gratuita e de captura praticamente inofensiva ao meio ambiente.

2 REVISÃO BIBLIOGRÁFICA

2.1 Efeito Fotovoltaico: Descoberta e Histórico

O efeito fotovoltaico tem como principio físico primordial o efeito fotoelétrico,

que pode ser descrito como o surgimento de uma DDP entre dois eletrodos ligados a um sólido ou líquido, quando este é iluminado.

Em 1839, o físico francês Edmond Becquerel descobriu que certos materiais geram corrente elétrica ao ser expostos a luz e em 1887, Heinrich Hertz, analisando a produção de faíscas entre dois materiais com potenciais diferentes, notou que quando surgia uma faísca em uma das superfícies, também surgia uma faísca na outra superfície. Porém, por ser de pequenas dimensões, era difícil de ser visualizada, devido a este fato, Hertz construiu uma proteção sobre o sistema para evitar a dispersão da luz, contudo, essa adaptação causou uma diminuição na faísca secundária. Na seqüência dos seus experimentos, ele constatou que o fenômeno não era de natureza eletrostática, pois não havia diferença se a proteção fosse feita de material condutor ou isolante. (GOETZBERGER, 2003)

Após uma série de outros testes, Hertz confirmou o seu palpite de que a luz poderia gerar faíscas. Também chegou à conclusão de que o fenômeno deveria ser devido apenas à luz ultravioleta. Em 1888, estimulado pelo trabalho de Hertz, Wilhelm Hallwachs observou que lâminas de Zn, Rb, K, Na e outras carregadas negativamente unidas a um eletroscópio, produziam uma descarga elétrica ao serem iluminadas. Essa foi apenas uma demonstração do efeito fotovoltaico, que foi caracterizado pelo aparecimento de um fluxo eletrônico em uma superfície iluminada. Desde sua descoberta até os dias atuais, foram inúmeros os desenvolvimentos de novas tecnologias e aperfeiçoamento de tecnologias já existentes no ramo da energia solar fotovoltaica. (EISEBERG, 1979)

FUNDAMENTAÇÃO TEÓRICA

3.2 Semicondutores

O efeito fotovoltaico acontece em materiais denominados semicondutores que podem ser definidos como sólidos cristalinos de condutividade elétrica intermediária entre condutores e isolantes (NEAMEN, 2003). Os elementos semicondutores podem ser tratados quimicamente para transmitir e controlar uma corrente elétrica. Seu emprego é importante na fabricação de componentes eletrônicos tais como diodos, transistores e outros de diversos graus de complexidade tecnológica, microprocessadores, e nanocircuitos usados em nanotecnologia. Portanto, atualmente o elemento semicondutor é primordial na indústria eletrônica e confecção de seus componentes. Para uma melhor compreensão da definição e da natureza dos materiais semicondutores, faz-se necessário, o conhecimento do modelo de bandas de energia.

3.3 Bandas de Energia e Semicondutores tipo-n e tipo-p

Na composição de uma estrutura cristalina, os átomos permanecem muito próximos entre si, e os elétrons de cada um dos átomos não mais descrevem seu movimento em torno do núcleo, resultando assim uma influência mútua, causando uma subdivisão dos níveis de energia. Para cada camada eletrônica aparecem uma ou mais bandas de energia, na qual ocorrem os valores de energia permitidos (FREITAS, 2006). Como existe um número muito grande de átomos em um cristal, existem muitos elétrons para cada camada, dessa forma, aparecem muitos valores de energia, e esses são muito próximos uns dos outros de forma que se pode considerar a faixa como quase contínua, denominada banda de energia, ou seja, os elétrons de determinada camada podem assumir qualquer valor de energia dentro da banda. Chama-se, neste caso, de banda de energia permitida.

Existem também no cristal, valores de energia que não são assumidos por elétron

algum. Tais valores, só podem estar entre duas bandas permitidas, e recebem o nome de bandas de energia proibidas. A banda de energia mais alta de um cristal, na qual todos os níveis de energia estão ocupados por elétrons de valência, é chamada de Banda de Valencia (BV). Na Figura 3.1, pode-se ver esquematicamente a posição relativa das bandas. Os valores de energia dessa banda são característicos dos elétrons de valência, pertencentes às ligações covalentes.

Quando em um semicondutor um elétron se afasta de uma ligação covalente –

tornando-se, portanto, livre – o seu nível de energia se situa em uma banda permitida criada imediatamente acima da BV. Essa banda é chamada de Banda de Condução (BC), pois os elétrons que a ocupam são considerados como livres (FREITAS, 2006). A distância entre a BV e a BC, ou seja, a banda proibida é, em termos de energia, a quantidade de energia mínima necessária para o elétron ser liberado de sua ligação covalente. Um esquema representativo das bandas pode ser visto na figura 3.1.

Figura 3.1 : Esquema de bandas de um semicondutor (FREITAS F. E., 2006 Modificado)

Quando um fóton, com energia igual ou superior a energia da banda proibida, atinge um semicondutor, esse pode ser absorvido por um elétron encontrado na banda de valência, que desta forma será excitado até a banda de condução. Em seu lugar teremos um buraco ou lacuna. Através deste processo ótico é formado um par elétron-buraco.

Existem dois tipos de semicondutores: o intrínseco, cuja concentração de portadores de carga positiva e igual a concentração de portadores de carga negativa; o extrínseco, que possui suas características determinadas por impurezas (NEAMEN, 2003). No caso dos semicondutores extrínsecos a condutividade é mais elevada, e é caracterizada por um processo especifico de condução via elétrons ou buracos. Um aspecto interessante no caso destes materiais é que a concentração dos portadores de carga pode ser variada dopando-se o material com pequenas quantidades de elementos que possibilita um acréscimo no número de elétrons ou buracos, que lhe confere a nomenclatura de n ou p.

No caso mais comum de um semicondutor intrínseco, como os silícios, os átomos deste, possuem quatro elétrons de valência, que se ligam aos átomos vizinhos formando uma rede cristalina. Tornando esse semicondutor extrínseco, dopando-o com átomos que possuem cinco elétrons na camada de valência, como o fósforo ou o arsênio, haverá um elétron em excesso que não será emparelhado, tornando sua ligação bastante fraca com o átomo de origem. Com isso, adicionando um pouco de energia, esse elétron pode ser liberado da BV e encaminhado para a BC. O fósforo e o arsênio são um dopante doador de elétrons chamados dopantes do tipo n ou impurezas do tipo n, e o silício dopado com esses materiais, um semicondutor do tipo-n (NEAMEN, 2003).

Tendo como exemplo ainda o silício, se a impureza a ser introduzido possuir apenas três elétrons na camada de valência, como o boro ou o índio, o que causa a vacância de um elétron para satisfazer as ligações com o silício, resultando em um "buraco" (FREITAS, 2006). Com um pouco de energia térmica, um elétron de um átomo vizinho pode passar para essa posição, fazendo com que o buraco se desloque. O boro e o índio são, portanto, chamados de aceitadores de elétrons ou dopante tipo p, Consequentemente, o silício dopado com algum tipo de material com menos de quatro elétrons na última camada, é denominado semicondutor do tipo-p.

Para a montagem da célula solar fotovoltaica, é necessário o uso de um filme

semicondutor do tipo n e outro do tipo p (GOETZBERGER, 2003), formando assim a chamada junção p-n, que ao receber a energia luminosa solar, apresenta o efeito fotoelétrico, gerando uma diferença de potencial entre os dois filmes.

3.4 Técnicas de deposição de filmes semicondutores

Nessa seção serão apresentadas algumas técnicas utilizadas para a deposição de filmes finos semicondutores, no qual estão inseridas as técnicas utilizadas experimentalmente neste trabalho.

3.4.1 Técnicas cerâmicas (Pressed Pellets, Silk Screen e Painting)

Na técnica Pressed Pellets o pó do material semicondutor é prensado na forma de pastilhas e em seguida submetido a um processo de sinterização no qual duas ou mais partículas sólidas se aglutinam pelo efeito do aquecimento em uma temperatura inferior à de fusão, mas suficientemente alta para permitir a difusão dos átomos das duas redes cristalinas. Nesta técnica, a pastilha semicondutora não precisa de substrato, pois o filme resultante é rígido o suficiente. (CHAGAS, 1984)

O Painting envolve a diluição do pó semicondutor em um solvente. Em seguida é feita a pintura no substrato com o pó dissolvido, de tal forma que o semicondutor diluído seja espalhado sob a superfície do substrato. A seguir deve-se utilizar alguma técnica de secagem para que o solvente evapore e o filme sólido fique depositado no substrato.

O método Silk-Screen é largamente utilizado na pintura de tecidos, e pode também ser usado para a deposição de filmes. A técnica consiste em formar um colóide onde o pó do semicondutor é diluído em algum solvente, em seguida essa dispersão coloidal é espalhada sobre uma tela com pequenos furos que está posta sob o substrato onde se deseja depositar o filme. A solução passa pelos furos e atinge o substrato formando uma superfície relativamente homogênea, melhor inclusive do que a obtida com o Painting. (CHAGAS, 1984)

3.4.2 Técnicas Químicas (Deposição Química e Spray Pirólise)

A Deposição Química é usada principalmente na preparação de calcogenetos de chumbo e semicondutores do tipo II-IV e IV-VI. Os filmes são formados pelas reações entre os íons metálicos e os íons sulfetos e selenetos (BISWAS, 2008). Estes estão presentes, por exemplo, na solução proveniente da hidrólise da tiuréia (para o CdS) ou selenosulfatos (para CdSe).

A técnica Spray pirólise consiste na deposição de uma solução líquida no substrato através de um dispositivo de spray, sob aquecimento (FREITAS, 2006). A 'solução líquida' no caso dos semicondutores pode ser obtida da mesma forma que nas técnicas cerâmicas, o diferencial é que geralmente os filmes depositados dessa forma necessitam de tratamento térmico ou de uma forma rápida para a evaporação do solvente.

3.4.3 Deposição de vapores químicos (CVD e MOCVD)

A deposição de vapores químicos (CVD Chemical Vapor Deposition) e a deposição de vapores químicos organometálicos (MOCVD Metal Organic Chemical Vapor Deposition) são técnicas em que os gases que contêm os elementos que formarão o filme são transportados para o substrato por um fluxo de gás inerte purificado. Na superfície aquecida do substrato ocorrem reações que formam o semicondutor. A diferença entre as técnicas está no tipo de gás que contém os elementos do semicondutor a ser formado. Enquanto a técnica CVD usa gases inorgânicos, a técnica MOCVD usa gases organometálicos (CHAGAS, 1984).

3.4.4 Técnicas de vácuo (Evaporação, Sputering e MBE)

A Evaporação é a técnica de vácuo mais comum, e usa o próprio semicondutor ou seus elementos componentes para a preparação do filme.

Na técnica Sputering, um alvo do material a formar o filme é atingido continuamente por íons de um gás contido em uma câmara de vácuo. A colisão dos íons com átomos da superfície do alvo faz com que esses últimos ganhem energia suficiente para superar a energia de ligação e sejam ejetados em direção ao substrato, onde formam o filme.

Na Epitaxia de Feixe Molecular (MBE Molecular Beam Epitaxy) os materiais são evaporados de diferentes fornos em cima de um substrato aquecido. Portas (shutters) na frente desses fornos controlam qual material atinge o substrato, e a temperatura dos fornos controla a razão de deposição. A máquina de MBE permite que sejam utilizadas técnicas para monitorar o crescimento do filme (CHAGAS, 1984).

3.4.5 Técnicas eletrolíticas (Eletrodeposição Catódica e Anodização)

Nas técnicas eletrolíticas, os elementos dos filmes a serem formados se encontram no substrato ou dissolvidos em soluções líquidas (eletrólito). Na eletrodeposição catódica, a deposição do filme no substrato ocorre após uma ou mais reduções nos componentes do semicondutor, contidos no eletrólito.(CHAGAS, 1984)

Na anodização, o componente mais eletropositivo (metálico) do semicondutor é anodizado em um eletrólito que contenha o elemento mais eletronegativo na forma reduzida.

3.5 Corante orgânico

Considera-se corante natural, o pigmento ou corante inócuo extraído de substância vegetal ou animal. O corante caramelo é o produto obtido a partir de açúcares pelo aquecimento a temperatura superior ao seu ponto de fusão. Já o corante artificial é a substância obtida por processo de síntese (NOGUEIRA, 1998) (com composição química definida).

Os corantes artificiais fornecem ampla gama de cores, proporcionando praticamente todas as tonalidades do espectro visível de cor. Certos corantes alimentícios naturais e artificiais também têm recebido uma considerável atenção para aplicações em dispositivos optoeletrônicos, por conterem a presença de uma substância chamada flavonóides (Figura 3.2).

Sob certas condições, estes apresentam o efeito fotoelétrico (FREITAS, 2002), isto e, liberam elétrons com facilidade pela absorção de fótons. Uma característica importante que os tornam propícios para o uso em células solares é que estes corantes podem ser facilmente obtidos por processos extrativos convencionais e utilizados na construção de células solares reduzindo ainda mais o custo de produção.

As principais fontes de flavonóides são as frutas cítricas tais como o limão e a laranja, e frutas como cereja, uva, ameixa, pêra, maca e mamão, sendo encontrados em maiores quantidades na polpa do que no suco (KALYANASUNDARAM, 1998). Pimenta verde, brócolis, repolho roxo, cebola e tomate também são excelentes fontes de bioflavonóides.

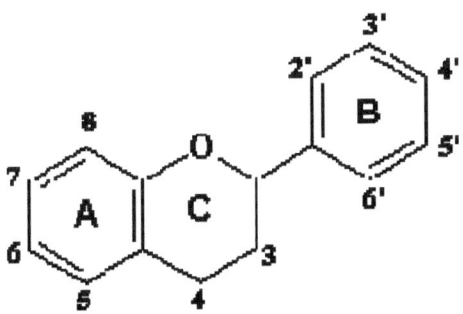

Figura 3.2 – estrutura básica dos flavonóides (FREITAS F. E., 2006)

Os flavonóides encontrados nos alimentos são classificados em diversas subclasses, incluindo as antocianinas, as antocianidinas, os flavonois, as flavononas, as flavonas, as catequinas, os flavonóis e seus precursores metabólicos conhecidos como chalconas. A estrutura geral destes compostos é constituída por dois anéis benzênicos conectados por uma ponte de três carbonos como mostra a Figura 3.3 (NOGUEIRA, 1998).

A classe de flavonóides conhecidas como antocianinas e responsável pela coloração vermelha e roxa de muitas frutas e flores. O corante de antocianina mais comum e a cianina que dá coloração vermelha e azulada de papoulas e flores. O vasto repertório de cores apresentado na faixa entre o vermelho e o azul, e resultado do complexo entre esses polifenois, pectinas e íons metálicos (NOGUEIRA, 1998). O principal papel biológico da antocianina e a potencializarão da fotossíntese. A Figura 3.3 mostra uma estrutura básica de uma antocianina.

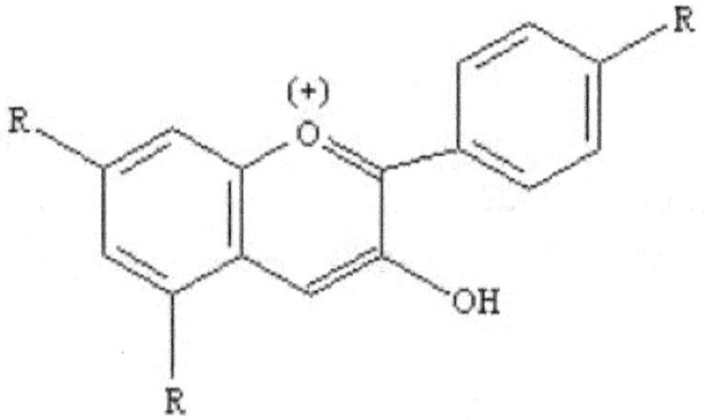

Figura 3.3 – Estrutura básica de antocianina (FREITAS F. E., 2006)

4. Fundamentos de Engenharia Solar

4.1 O Sol

O sol é uma esfera de gases intensamente quentes com temperatura de corpo negro efetivo de 5760K, e tem diâmetro de aproximadamente 1,39x109 m(KALOGIROU, S. 2009). Ele está a uma distância em torno de 1,5x108 km da terra, considerando a velocidade da luz igual a 300000 km/s, a radiação solar leva em torno de 8min e 20 para chegar à superfície de nosso planeta. Na figura A1 pode-se visualizar um esquema representativo com essas informações:

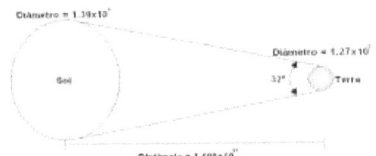

Figura A.1 – Algumas características Sol-Terra (KALOGIROU, S. 2009 Modificado)

O sol é na verdade, uma fusão contínua de hidrogênio em hélio. A energia total liberada é de 3,8x1020 MW, que equivale a 63MW/m2, do qual a terra recebe "apenas" 1,7x1014KW(KALOGIROU, S. 2009). Está estimado que 84min da radiação solar incidente na Terra é o suficiente para suprir a demanda mundial de energia por um ano.

Nos cálculos referentes à energia solar, o tempo solar aparente (TSA), que é baseado no movimento angular em torno do céu, pode ser usado para expressar a tempo local padrão (TLP). Para converter o TLP para o TSA são necessárias duas correções: a equação do tempo e a correção de longitude.

4.2 Equação do tempo

Devido a fatores associados à órbita da Terra ao redor do Sol, a Velocidade orbital média da Terra varia ao longo do ano, assim como o TSA varia ligeiramente em relação ao tempo médio mantido por um relógio rodando a uma taxa uniforme. Essa variação é chamada equação do tempo (ET).

A equação do tempo surge porque a duração de um dia, isto é, o tempo necessário para a Terra completar uma revolução sobre seu próprio eixo em relação ao sol, não é uniforme em todo o ano. Ao longo dos anos, a duração média de um dia é de 24 h, no entanto, o comprimento do dia varia devido à excentricidade da órbita da Terra e da inclinação da Terra com o eixo do plano normal de sua órbita.

Devido à elipticidade da órbita, a Terra está mais perto do sol em 03 janeiro e mais distante do sol, 04 julho. Os valores da equação do tempo em função dos dias do ano (N), podem ser obtidos aproximadamente partir das seguintes equações:

$$ET = 9.87 sen(2B) - 7.53 \cos(B) - 1.5 sen(B) \qquad (1.1)$$

$$\text{Na qual, } B = (N-1)\frac{360}{364} \qquad (1.2)$$

4.3 Correção de Longitude

O TLP (Tempo Local Padrão) é contado a partir de um meridiano selecionado perto do centro de um fuso horário ou a partir do meridiano padrão, o Greenwich, que é a longitude de 0°. O sol leva 4 minutos para atravessar 1° de longitude, o termo de correção de longitude 4°(longitude padrão - longitude local) deve ser adicionado ou subtraído ao TLP.

Esta correção é constante para uma longitude particular, e a seguinte regra deve

ser seguida com respeito ao sinal de convenções. Se o local está a leste do meridiano padrão, a correção é adicionada ao tempo do relógio. Se a localização é a oeste, é subtraída. A equação geral para calcular o tempo solar aparente (TSA) é:

$$TSA = TLP + ET \pm 4(LP - LL) \qquad (1.3)$$

TLP = Tempo local padrão
ET = Equação do tempo
LP = Longitude padrão
LL = Longitude local

4.4 Ângulos importantes para o estudo da energia solar

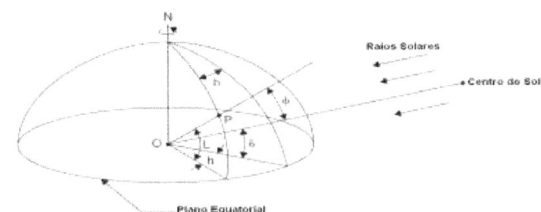

Figura A.2 – Definição de latitude, ângulo horário e declinação solar (KALOGIROU, S. 2009)

4.4.1 Declinação solar δ

Como pode ser visto na figura A.3, a declinação solar é a distância angular entre os raios de sol e o norte ou sul do equador, a declinação norte é designada como positiva. A figura a seguir mostra a variação da declinação nos equinócios e solstícios. Como pode ser visto, a declinação varia de 0° no equinócio da primavera para +23,45 ° no solstício de verão, 0° no equinócio de outono, e -23,45 ° no solstício de inverno.

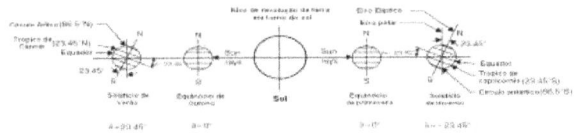

Figura A.3 – Variação anual da declinação solar. (KALOGIROU, S. 2009)

A variação da declinação solar no decorrer do ano é mostrada na figura A.4 e pode ser calculada de forma aproximada em graus pela equação (ASHRAE, 2007):

$$\delta = 23.45\left[\frac{360}{365}(284+N)\right] \quad (1.4)$$

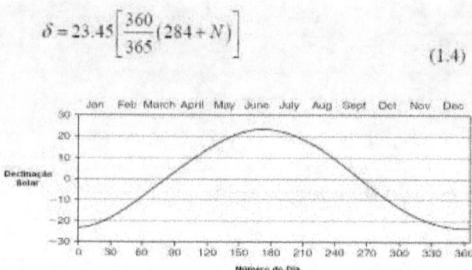

Figura A.4 – Gráfico da declinação solar em função do número do dia. (KALOGIROU, S. 2009)

A declinação pode também ser encontrada em radianos, pela equação de Spencer (SPENCER, 1971):

$$\delta = 0.006918 - 0.399912\cos(\Gamma) + 0.070257\sin(\Gamma) + \\ -0.006758\cos(2\Gamma) + 0.000907\sin(2\Gamma) + \\ -0.002697\cos(3\Gamma) + 0.00148\sin(3\Gamma) \quad (1.5)$$

$$\Gamma = 2\pi\frac{(N-1)}{365} \quad (1.6)$$

A declinação pode ser considerada constante durante todo um dia (KREITH ANDKREIDER, 1978; DUFIE AND BECKMAN, 1991)

4.4.2 Ângulo da altitude solar α

O ângulo de altitude solar é o ângulo entre os raios solares e o plano horizontal,

mostrado na Figura A.5. Ele está relacionado com o ângulo do zênite solar, Φ, que é o ângulo entre os raios de sol e a vertical. Desta forma,

$$\Phi + \alpha = \frac{\pi}{2} = 90°$$ (1.7)

A expressão matemática para o ângulo de altitude solar é:

$$\arcsin\left[\sin(L)\sin(\delta)+\cos(L)\cos(\delta)\cos(h)\right]$$ (1.8)

Na qual L é a latitude local, que é definida como o ângulo entre o centro da terra, o local analisado e o equador. Valores ao norte do equador são considerados positivos e ao sul são negativos.

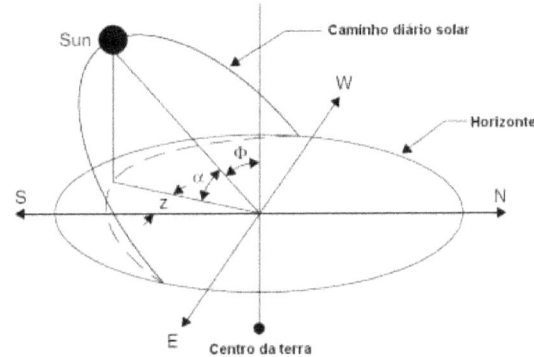

Figura A.5 – Representação dos ângulos α, Φ e Z (KALOGIROU, S. 2009)

4.4.3 Ângulo azimutal solar z

O ângulo azimutal é medido entre a projeção dos raios solares no plano horizontal e o sul geográfico. A expressão matemática para o ângulo azimutal é:

$$z = \sin^{-1}\left(\frac{\cos(\delta)\sin(h)}{\cos(\alpha)}\right)$$ (1.9)

Esta equação está correta, desde que (ASHRAE, 1975) $\cos(h) > tg(\delta)/tg(L)$. Se não, isso significa que o sol está atrás da linha Leste-

Oeste, e o ângulo azimutal para a hora da manhã é − +π | z | , e para o horário da tarde é π−z . No meio-dia solar, por definição, o sol está exatamente sobre o meridiano, que contém a linha norte-sul e, conseqüentemente, o ângulo azimutal solar é de 0°.

4.4.4 O ângulo de incidência, θ

O ângulo de incidência solar, θ, é o ângulo entre os raios de sol e a normal à superfície. Para um plano horizontal, o ângulo de incidência, θ, e o ângulo zenital, Φ, são o mesmo. Estes ângulos, mostrados na Figura A.6, estão relacionados com os ângulos básicos, mostrados na Figura A.3. A equação (1.10) é a expressão geral para o ângulo de incidência (KREITH ANDKREIDER, 1978; DUFIE AND BECKMAN, 1991):

$$\cos(\theta) = \sin(L)\sin(\delta)\cos(\beta) - \cos(L)\sin(\delta)\sin(\beta)\cos(Z_s) + \\ + \cos(L)\cos(\delta)\cos(h)\cos(\beta) + \sin(L)\cos(\delta)\cos(h)\sin(\beta)\cos(Z_s) + \\ + \cos(\delta)\sin(h)\sin(\beta)\sin(Z_s)$$

(1.10)

Na qual β é o ângulo entre a superfície e o plano horizontal, Zs é o ângulo azimutal da superfície, ou seja, o ângulo entre a normal da superfície e o sul.

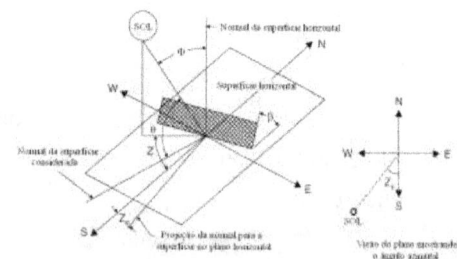

Figura A.6 − Ângulos relacionados com a superfície escolhida. (KALOGIROU, S. 2009)

A equação (1.10) é visivelmente complicada para ser trabalhada de forma manual, sendo mais adequado tratá-la com programação, o que torna tudo mais simples. Existem casos específicos que simplificam bastante esta equação. Estes casos estão listados:

- **Superfícies horizontais**: β = 0º, logo:

$\cos(\theta) = \sin(L)\sin(\delta) + \cos(L)\cos(\delta)\cos(h)$, o que pela equação 1.8, sabendo que $\sin(\alpha) = \cos(\Phi)$ conclui-se que $\theta = \Phi$.

- **Superfícies verticais**: β = 90º, logo a equação 1.10 se torna:

$$\cos(\theta) = -\cos(L)\sin(\delta)\cos(Z_s) + \sin(L)\cos(\delta)\cos(h)\cos(Z_s) + \\ + \cos(\delta)\sin(h)\sin(\beta)\sin(Z_s)$$ (1.11)

- **A face virada para o sul, no hemisfério norte**: Zs = 0º, assim a equação 1.10 se reduz à:

$$\cos(\theta) = \sin(L)\sin(\delta)\cos(\beta) - \cos(L)\sin(\delta)\sin(\beta) + \\ + \cos(L)\cos(\delta)\cos(h)\cos(\beta) + \sin(L)\cos(\delta)\cos(h)\sin(\beta)$$ (1.12)

Pode ser reduzida para:

$\cos(\theta) = \sin(L - \beta)\sin(\delta) + \cos(L - \beta)\cos(\delta)\cos(h)$ (1.13)

A face virada para o norte, no hemisfério sul: Zs = 180º, a equação 1.10 se transforma em:

$\cos(\theta) = \sin(L + \beta)\sin(\delta) + \cos(L + \beta)\cos(\delta)\cos(h)$ (1.14)

4.5 Diagramas do Caminho Solar

Para fins práticos, pode ser mais útil ter o desenho do caminho descrito pelo sol, do que fazer exaustivos cálculos. Estes desenhos ou gráficos são denominados diagramas do caminho solar, e podem ser utilizados para encontrar a posição do sol em qualquer época do ano. São confeccionadas curvas de declinação constante em um sistema cartesiano (ângulo de altitude solar)x(ângulo azimutal solar), com ainda pontos que correspondem às horas em que o sol é visível. Pode-se ver um exemplo desses diagramas na figura A.7, onde temos o diagrama correspondente á latitude de 35° com curvas de declinação variando no intervalo de -23,45º à +25,45º em intervalos de 5º em 5º.

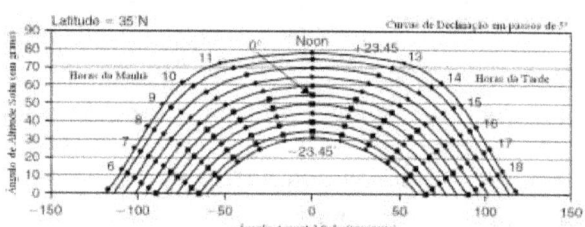

Figura A.7 – Diagrama do caminho solar para a latitude 35ºN (KREITH ANDKREIDER, 1978; DUFIE AND BECKMAN, 1991)

REFERÊNCIAS

ALIEV, A. S., MAMEDOV, M. N., ABBASOV, M. T., 2009. **Photoeletrochemical Properties of TiO2/CdS Heterostructures.** Inorganic Materials, No. 9, p. 965-967.

ASHRAE. **Handbook of HVAC applications.** ASHRAE, Atlanta.

BISWAS S. et al. **Photocatalytic activity of high-vacuum annealed CdS–TiO2 thin film.** Thin Solid Films, v. 516, 2008.

BONNET D., RABENHORST H. **New results on the development of a thin film p-CdTe– n-CdS heterojunction solar cell.** Proceedings of the 9th Photovoltaic Specialists Conference, pp. 129–131, 1972.

CHAGAS, F. C. M. **Células solares: Estrutura Semicondutor – Isolante – Semicondutor.** 1984. 125 f. Dissertação (Mestrado em Engenharia Mecânica) Universidade Estadual de Campinas, Campinas, 1984.

DUFFIE, J.A., BECKMAN, W.A., 1991. **Solar engineering of thermal processes.** John Wiley and Sons, new York.

EISEBERG E RESNICK, **Física Quântica**. 2ª Edição, Rio de Janeiro: Editora Campus, p. 922. 1979.

FEITOSA A. V. ET al. **A new route for preparing CdS thin films by chemical bath deposition using EDTA as ligant.** Brazilian Journal of Physics, vol. 34, no. 2B, 2004.

FEREKIDES, C., BRITT, J., MA, Y., KILLIAN, L. **High efficiency CdTe solar cells by lose spaced sublimation.** Proceedings of Twenty-Third-Photovoltaic-Specialists-Conference IEEE, New York, USA, p. 389, 1993.

FREITAS F. E. **Célula solar de SnO2/TiO2 preparada por "spray" – pirólise ativada com corante orgânico.** Dissertação (Mestrado em Ciência dos materiais) – Departamento de Física e Química – Universidade Estadual Paulista, 2006.

FREITAS, J. N.; LAMAZAKI, E. T.; ATVARS, T. D. Z.; LI, R. W. C.; YAMAUCHI, E. Y.; GRUBER, J.;HUMMELGEN, I. A. E NOGUEIRA, A. F. **Células solares orgânicas de polifluoreno/fulereno sensibilizadas por corante.** In: Reunião anual da sociedade Brasileira de Química, Campinas. 2002.

GAO, X. F., SUN, W. T., HU, D. T., AI, G., 2009. **An Efficient Method To Form Heterojunction CdS/TiO2 Photoelectrodes Using Highly Ordered TiO2 Nanotube Array Films.** Journal of Physics and Chemistry, C 2009, 113, p. 20481-20485.

GOETZBERGER, A.; HEBLING, C.; SCHOCK, H.-W. **Photovoltaic materials, history, status and outlook.** Materials Science and Engineering, Sydney, Austrália, v. 40, p. 1-46, 2003.

GONÇALVES, R. N., FIGUEREDO, D., RABELO, A. P. B., DELBONI, L. F., ASSUMPÇÃO, R. **Estudo da deposição química de filmes finos de sulfeto de cádmio (CdS).** VI Congresso Brasileiro de Engenharia Química em Iniciação Científica, Campinas, Brasil, 2005.

GREEN, M. A., 1982. **Solar cells: Operating principles, technology and system applications.** Englewood Cliffs, NJ, Prentice-Hall, Inc., 288p.

GUO, Q., KIM, S., KAR, M., SHAFARMAN, W. N., BIRKMIRE, R. W. **Development of CuInSe2 Nanocrystal and Nanorin Inks for Low-Cost Solar Cells.** Nano Letters, V. 8, p. 2982-2987, 2008.

HEGEDUS, S. S. ET al. **Status, trends, challenges and the bright future of solar electricity from photovoltaics.** John Wiley & Sons, Ltd – 2003.

HUYNH, W. U., DITTMER, J. J., ALIVISATOS, A. P. **Hybrid nanorod-polymer solar cells.** Science, V.295, p. 2425-2427, 2002.

JOSHI, P., XIE, Y., ROOP, M., GALIPEAU, D., BAILEY, S., QUIAO, Q. **Dye-sensitized solar cells based on low cost nanoscale carbon/TiO2 composite counter electrode.** Energy & Environmental Science. V. 2, p. 426-429, 2009.

JÚNIOR, E. M. S., 2004. **Sistema fotovoltaico para iluminação pública em horário de ponta.** 114f. Dissertação (Mestrado em Engenharia Elétrica) Universidade Federal do Ceará, Fortaleza.

KALOGIROU, S. **Solar energy engineering: Processes and systems**, Elsevier Inc. 2009.

KALYANASUNDARAM, K. and GRÄTZEL, M.: **Applications of functionalized transition metal complexes in photonic and optoelectronic devices.** Rev. Coordination Chemistry reviews. Lausanne, Switeerkind, v. 77, n. 1-3 p. 347–414, 1998.

KANG, M. G., KIM, M. S., GUO, L. J. **Organic Solar Cells Using Nanoimprinted Transparent Metal Electrodes.** Adv. Mater., V. 20, p. 4408-4413, 2008.

KREITH, F., KREIDER, J. F., 1978. **Principles of solar engineering.** McGraw-Hill, New York.

KUANTAMA, E., HAN, D. W., SUNG, Y. M., SONG, J. F., HAN, C. H., 2009. **Structure and thermal properties of transparent conductive nanoporous F:SnO2 films.** Thin Solid Films, V 517, p. 4211-4214.

LANDI, B. J. ET AL. **CdSe quantum dot-single wall carbon nanotube complexes for polymeric solar cells.** Solar Energy Materials & Solar Cells, V. 87, p. 733-746, 2005.

LINCOT, D. ET AL. Chalcopyrite thin film solar cells by eletrodeposition. Solar Energy, V.
77, p. 725-737, 2004.

MANE, R. S.; PATHAN, H. M.; LOKHANDE, C. D.; HAN, SUNG-HWAN. **An effective use of nanocrystalline CdO thin films in dye-sensitized solar cells.** Solar Energy, V. 80, p.
185-190, 2006.

MATHEW, X.; ENRIQUEZ, P. J.; ROMEO, A.; TIWARI, A. N. **CdTe/CdS solar cells on
flexible substrates.** Solar Energy, V. 77, p. 831-838, 2004.

MATIAS, J. G. N., 1993. **Preparação e caracterização de filmes semicondutores de Sulfeto de Cádmio.** 100f. Dissertação (Mestrado em Física) Universidade Federal do Ceará, Fortaleza.

MORA-SERÓ, I., GIMENEZ, S., FABREGAT-SANTIAGO, F., GÓMEZ, R., SHEN, Q. **Recombination in quantum Dot Sensitized solar Cells.** Accounts of Chemical Research, v.
42, No. 11, p. 1848-1857, 2009.

NAKADA, T. ET AL. **Novel device structure for Cu(In,Ga)Se2 thin film solar cells using transparent conducting oxide back and front contacts.** Solar Energy, V.77, p. 739-747, 2004.

NEAMEN D. A. **Semiconductor physics and devices**, third edition. McGraw-Hill – New York, NY, 2003.

NELSON, J. **The Physics of Solar Cells**, Imperial College Press, 2003.

NOGUEIRA, A. F.. **Conversão de Energia luminosa em Eletricidade Utilizando TiO_2 / corante / Eletrólito Sólido Polimérico**. 101 f. Dissertação (Mestrado em Química) Universidade Estadual de Campinas, Campinas SP, 1998.

ROMEO, N; BOSIO, A.; CANEVARI, V.; POTESTÀ, A. **Recent progress on CdTe/CdS thin film solar cells**. Solar Energy, V. 77, p. 795-801, 2004.

RÜTHER, R., 1999. **Panorama atual da utilização da energia solar fotovoltaica. Relatório interno.** Departamento de Engenharia Mecânica, LABSOLAR, Universidade Federal de Santa Catarina, Florianópolis.

SHU, Q., WEI, J., WANG, K., ZHU, H., LI, Z., JIA, Y., GUI, X., GUO, N., LI, X., A, C., WU, D. **Hybrid heterojunction and Photoelectrochemistry solar cell based On silicon nanowires and double-walled Carbon nanotubes.** Nano Letters, V. 9, No. 12, p. 43384342, 2009.

SPENCER, J. W. **Fourier series representation of position of the sun**. Search 2 (5), 172.

TIEDJE, T., YABLONOVITCH, E.CODY, G., BROOKS, B. G. **Limiting efficiency of silicon solar cells.** IEEE Trans. Electron Devices, V. ED-31, no. 5, p. 711-716, 1984.

TYAN, Y.S., PEREZ-ALBUERNE, E.A. **Efficient thin film CdS/CdTe solar cells**. Proceedings of 16th IEEE Photovoltaic Specialists Conference. IEEE Publishing, New York, p. 794, 1982.

VASEKAR, P. S.; DHERE, N. G.; MOUTINHO, L. **Development of CIGS2 solar cells with lower absorber thickness.** Solar Energy, V. 83, p. 1566-1570, 2009.

WIBERG E., HOLLEMAN A. F. **Inorganic Chemistry**, Elsevier, 2001.

WU, X., KEANE, J.C., DHERE, R.G., DEHART, C., ALBIN, D.S., DUDA, A., GESSERT, T.A., ASHER, S., LEVI, D.H., SHELDON, P. **16.5%-Efficient CdS/CdTe polycrystalline thin-film solar cell.** Proceedings of the 17th European Photov. Solar Energy Conf., Munich, Germany, II, p. 995, 2001.

YAMAGUCHI, M.; TAKAMOTO, T.; ARAKI, K.; EKINS-DAUKES, N. **Multi-junction III-V solar cells: current status and future potencial.** Solar Energy, V. 79, p. 78-85, 2005.

ZHANG, Q., NING, Z., PEI, H., WU, W. **Dye-sensitized solar cells based on bisindolylmaleimide derivatives**. Frontiers of Chemistry in China Vol. 4, NO. 3, p. 269-277, 2009

www.ingramcontent.com/pod-product-compliance
Lightning Source LLC
Chambersburg PA
CBHW051206170526
45158CB00005B/1849